RECHERCHES SUR LES MALADIES DE LA VIGNE

ANTHRACNOSE

ANTHRACNOSE

I. — SUR LA CULTURE ET LE DÉVELOPPEMENT DE L'ANTHRACNOSE

PAR

P. VIALA et P. PACOTTET

Extrait de la « Revue de Viticulture »

PARIS

BUREAUX DE LA " REVUE DE VITICULTURE "

5, RUE GAY-LUSSAC, Vᵉ

1904

J. Francy

Anthracnose.

Imp. F CHAMPENOIS

CULTURE ET DÉVELOPPEMENT DE L'ANTHRACNOSE

I

La méthode par laquelle (1) nous avons cultivé le Champignon, *Guignardia Bidwellii*, cause du Black Rot, nous a permis d'isoler le parasite de l'Anthracnose et d'en suivre les phases du développement. Nos cultures nous ont donné des formes variées de reproduct io inconnues jusqu'à ce jour pour les Champignons parasites qui produisent sur diverses plantes des maladies analogues à celles de l'Anthracnose de la vigne. Elles mettent donc sur la voie pour des recherches sur les mêmes maladies des plantes cultivées et pour définir un groupe de parasites qui ne sont que très imparfaitement connus dans leur évolution biologique ou morphologique. On n'a décrit en effet, pour la plupart d'entre eux, que la seule forme conidienne comme organe de reproduction.

L'Anthracnose n'envahit que les organes verts de la vigne pendant les premières phases de leur développement (Planche en couleurs): les rameaux jeunes quand ils sont encore à l'état herbacé avant les premières phases de l'aoûtement, les grains depuis la fleur jusqu'au moment où ils ont atteint la moitié de leur grosseur normale, par conséquent bien avant la véraison, et les feuilles quand elles sont encore dans la période de croissance de leurs tissus. L'organe, une fois envahi, peut cependant continuer, après ces périodes, à nourrir le Champignon parasite dont le mycélium creuse et désorganise les tissus en formant des chancres pénétrants plus ou moins étendus.

Sur les sarments jeunes (Fig. 1), au mois de mai et de juin, les lésions d'Anthracnose se manifestent, en pleine évolution de la maladie, par des taches déprimées, plus ou moins étendues (1 à 3 centimètres), auréolées de noir vers l'extérieur et d'un rose grisâtre, comme cotonneuses, au centre. Puis la tache s'agrandit,

Fig. 1. — Rameau de vigne anthracnosé, à la première période, lorsque les taches ne sont que déprimées et rose furfuracé, dans l'état où doit être prise la bouture pour l'ensemencement.

Fig. 2. — Rameau avec chancres pénétrants de l'Anthracnose.

---

(1) *C. R. A. S.*, t. CXXXVIII, 1er février 1904.

les tissus se creusent de plus en plus (Fig. 2), surtout vers le centre primitif, et le plafond de la plaie est déchiqueté. La lésion s'accentue ainsi jusqu'à l'aoûtement, mais on ne perçoit plus alors cet aspect rose grisâtre et cotonneux du début.

Les mêmes caractères se retrouvent sur les grains de raisin (Fig. 3); mais la lésion y est bien moins accusée, elle est à peine déprimée; l'auréole noire du pourtour reste toujours caractéristique et les taches, oculaires, plus ou moins nombreuses, parfois tangentes et fusionnées, sont, comme sur les sarments, d'un rose grisâtre cotonneux en leur centre. Sous cette couche cotonneuse du grain anthracnosé, la peau est rongée ou souvent seulement déprimée et chagrinée.

Sur les feuilles (Fig. 4), les lésions de l'Anthracnose sont de petites taches circulaires noires, très apparentes sur le fond vert; elles sont très nombreuses et très rapprochées, criblant parfois le limbe de petits trous entourés d'une auréole noire.

Fig. 3. — Grappe anthracnosée, avec les lésions peu déprimées, couverte des conidiophores du *Manginia ampelina*.

Le Champignon parasite ne montre le seul organe de reproduction connu jusqu'à ce jour qu'au moment où les taches d'Anthracnose ont cet aspect rose grisâtre cotonneux en leur centre. Ce sont des appareils conidifères, formés par le mycélium interne à l'organe et qui émet, à travers la cuticule déchirée, des cellules allongées, parallèles entre elles, courtes et étroites, plus longues que larges, comprimées les unes contre les autres, constituant ainsi un véritable tissu feutré (Fig. 5).

Au sommet de ces basides ou stérigmates naissent des conidies en bâtonnets ovoïdes-cylindriques, allongées, régulières sur leur pourtour, marquées à leurs deux extrémités d'un point plus réfringent que le contenu incolore et transparent (Fig. 6). Leurs dimensions varient de 3 μ à 6 μ sur 2 μ à 3 μ; elles sont donc extrêmement petites et leurs formes rappellent plutôt celles des spermaties. Leur germination se produit à la suite d'un renflement central de la spore qui la rend alors ovoïde. Puis un tube mycélien part le plus souvent seulement d'une extrémité, parfois des deux: il est immédiatement très variqueux.

Cette forme de reproduction conidienne de l'Anthracnose avait fait classer le Champignon par De Bary dans un genre nouveau; il l'avait dénommé *Sphaceloma ampelinum*. Il a été rattaché plus tard par Saccardo, d'après cette seule forme conidienne, au genre *Glæosporium* sous le nom de *Glæosporium ampelophagum*, qui comprend tous les parasites analogues de diverses plantes (Anthracnoses). Le genre *Glæosporium* a été rangé parmi les Mélanconiées par Saccardo.

II

L'isolement et la culture du Champignon de l'Anthracnose ont été obtenus dans notre laboratoire, en 1902, et repétés en 1903 et 1904, par le bouturage des lésions des sarments anthracnosés au moment exact où

Fig. 4. — Feuille dont le parenchyme est criblé de taches de l'Anthracnose.

les taches présentent au centre l'aspect cotonneux rose grisâtre. La bouture mycélienne, essayée sur les milieux les plus divers, n'a réussi, en premières cultures, que sur jus de jeunes feuilles gélosé et stérilisé à basse température.

Le développement, quand les cultures sont pures, est extrêmement rapide. Au bout de quelques heures, il se forme un point blanc roussâtre qui s'étend ensuite très vite, au bout de vingt-quatre et quarante-huit heures, en zones concentriques d'accroissement, très régulières autour du point primitif; elles sont à bord blanc clair et à centre rose roussâtre cotonneux, comme sur les taches oculaires des raisins ou les jeunes taches des sarments. Le voile s'agrandit très vite ; nos boîtes de culture étaient couvertes d'une plaque circulaire, très régulière, de 12 centimètres de diamètre (largeur de la boîte), au bout de cinq ou six jours. Le pourtour reste blanc hyalin et la teinte va en s'accusant en rose roux et en roux

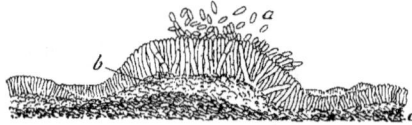

Fig. 5. — Fructifications conidifères du *M. ampelina*; *b*, mycélium producteur des basides parallèles en stroma serré; *a*, conidies en bâtonnets (G = $\frac{450}{1}$).

brunâtre vers le centre. Les bords de la plaque forment une trame très légère, mais cette trame va s'épaississant vers le centre; elle est parsemée soit de fines ponctuations, soit de houppes dressées (Pl. II : Fig. 7).

Quand les cultures primitives sont arrivées à cet état, on peut les transporter, par semis, sur jus de feuilles à l'état liquide, puis sur jus de raisins jeunes, milieux stérilisés toujours à basse température. Après plusieurs passages successifs, l'éducation du parasite est suffisante pour que l'on puisse le cultiver sur milieux variés et obtenir alors des formes de reproduction différentes.

Nous insisterons cependant sur ce fait que l'inoculation première ne réussit bien, et d'une façon constante, qu'autant qu'on emploie des milieux solides. Ce n'est que lorsque le Champignon est éduqué qu'on peut employer des milieux liquides. Quand on stérilise les premiers milieux de culture solides ou liquides à 120° à l'autoclave, la culture ne réussit pas ; ce n'est que lorsque le Champignon a été cultivé depuis un certain temps que l'on peut le semer

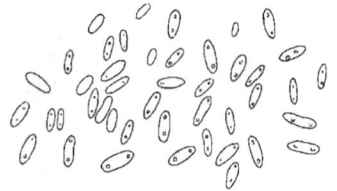

Fig. 6. — Conidies en bâtonnets des fructifications normales des rameaux, des fruits, des houppes conidifères et des spermogonies (G = $\frac{1.000}{1}$).

avec succès sur les milieux stérilisés à haute température.

Nous aurons l'occasion de dire plus tard, en précisant la composition centésimale de ces milieux, que le sucre et les acides organiques jouent un rôle important sur le développement végétatif du Champignon ; mais leur action dans les milieux de culture est très variable pour la formation des divers organes de reproduction du Champignon.

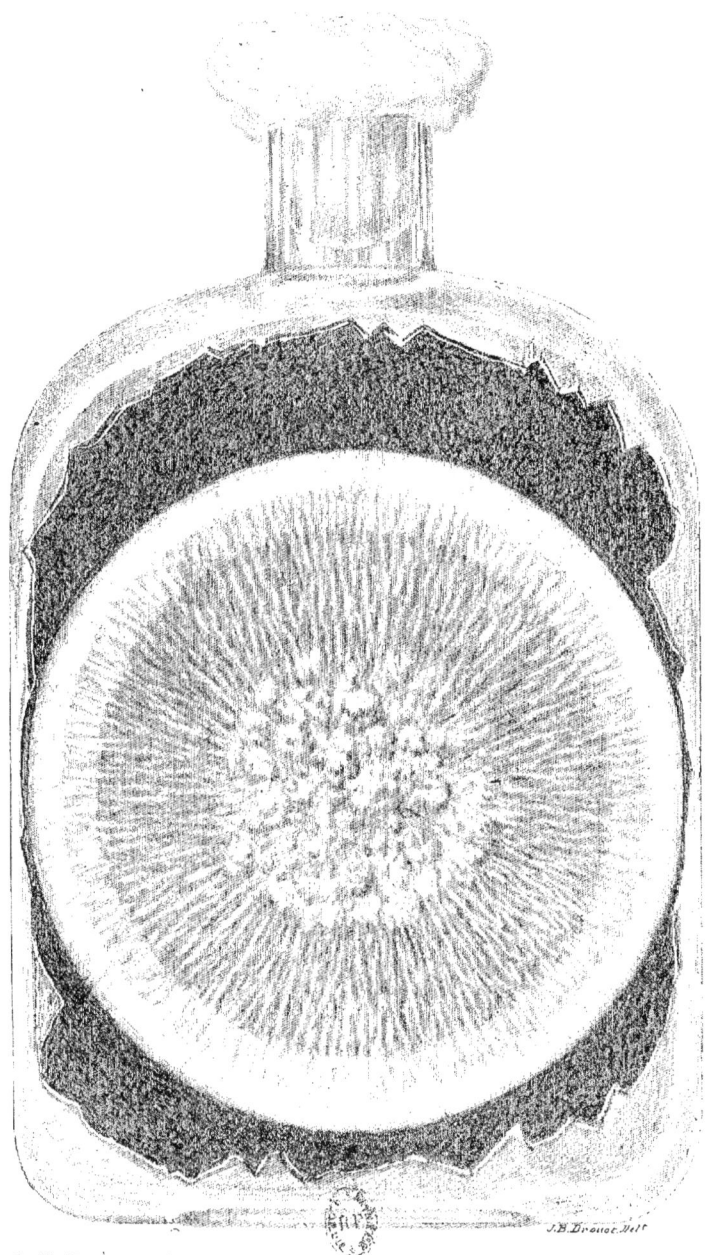

Pl. II : Fig. 5. — Culture d'Anthracnose sur premier milieu de jus de jeunes feuilles gélosé et stérilisé à basse température (grandeur nature ; la boîte de culture est représentée découpée en son centre pour montrer la trame mycélienne rayonnante).

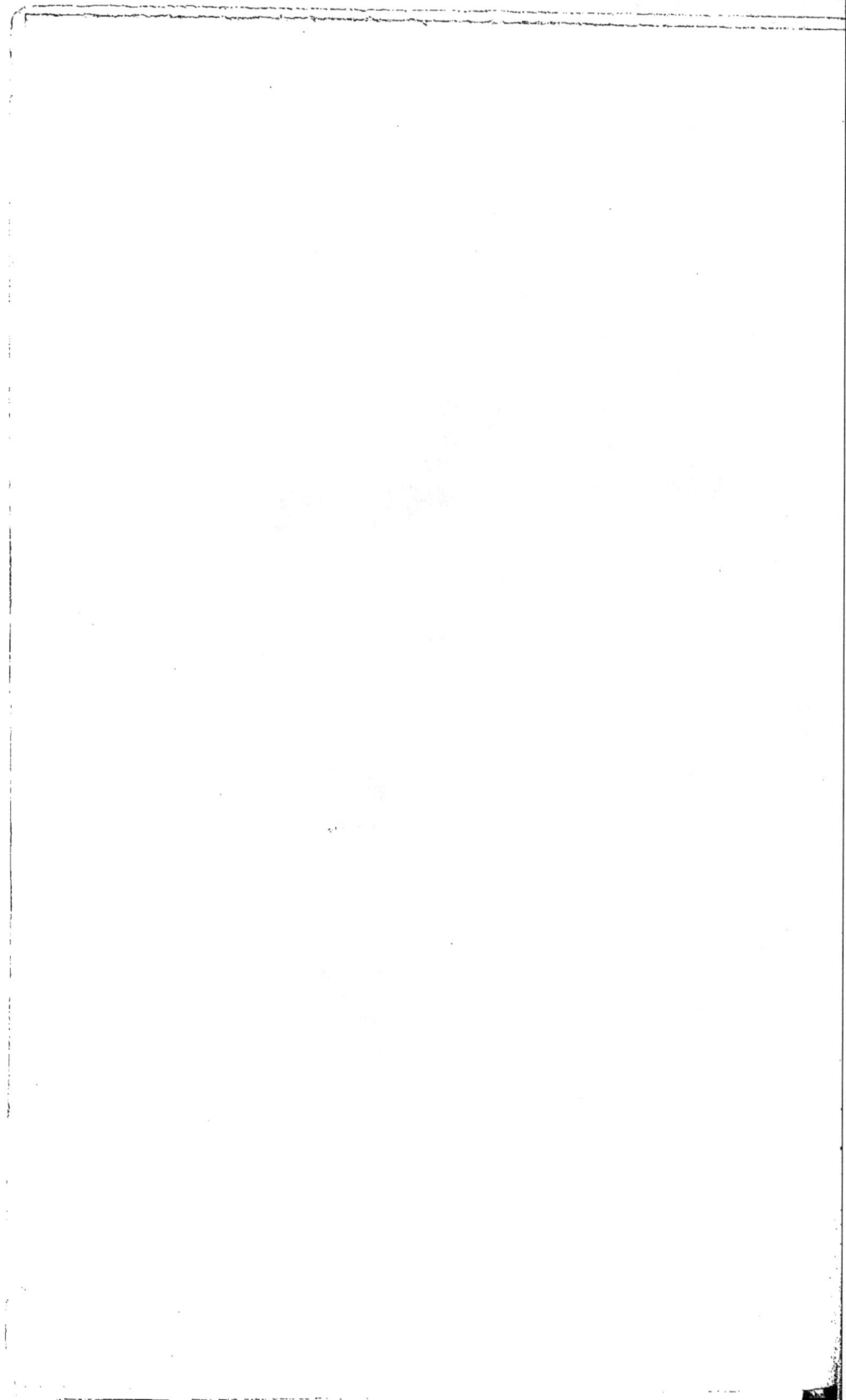

III

Ces organes de reproduction sont très polymorphes et comprennent plus que la forme conidifère, la seule connue, à l'état naturel, sur les tissus de la vigne anthracnosée ; ils sont non-seulement très variés, mais en dépendance du milieu de culture.

La forme conidifère a été observée dans les boîtes gélosées à base de jus de feuille ou sur milieu liquide (Fig. 8) de même nature. Le mycélium s'agglomère, sur le pourtour des plaques, en tubes qui sont droits, au lieu d'être très variqueux comme dans d'autres milieux ou dans le centre des plaques. Ces tubes, cylindriques, cloisonnés, à teinte très légèrement brune, deviennent hyalins vers leur sommet d'où se détache une spore ovoïde-cylindrique allongée comme un gros bâtonnet avec deux points réfringents ; ces spores sont *identiques* aux spores normales des

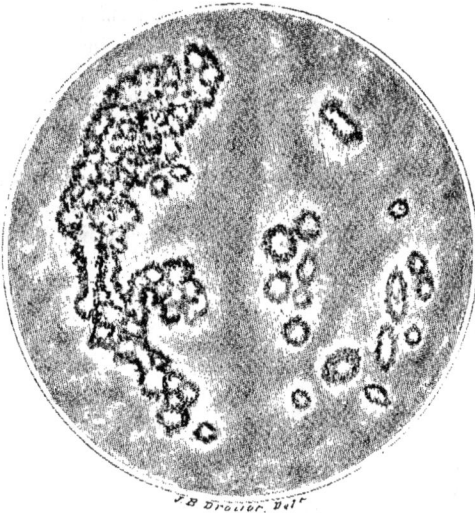

Fig. 8. — Culture d'Anthracnose sur milieu liquide (jus de raisin vert) ; la trame mycélienne forme un voile épais portant un gazon conidifère dans lequel se différencient des zones à spermogonies (grandeur nature).

sarments et des grains. La même production de conidies a lieu sur les petites houppes en gazon que nous avons signalées dans nos cultures.

L'extrémité des tubes mycéliens, parallèles et en stroma serré, forme le plus souvent une seule spore, parfois deux ; puis, quelquefois, il s'allonge en masses mycéliennes rhizomorphiques qui se différencient bientôt.

Ces spores conidiennes, semblables à celles des raisins et des sarments, reproduisent l'Anthracnose sur les fruits de la vigne. Le milieu des boîtes à jus de feuilles gélosé est un milieu acide, mais à acidité faible.

Si l'on transporte le Champignon sur haricot gélosé non acide ou sur lait gélosé, le développement est très rapide. Deux ou trois jours après, à une température, comme dans le cas précédent, de 25°, on voit non plus une trame mycélienne apparaître à l'œil nu, mais de très petits points microscopiques d'un roux clair, disposés en zones plus ou moins concentriques et s'irradiant du point primitif dans tous les sens (Fig. 9). Ces petites taches se multiplient en nombre immense et criblent le substratum de points rouge roussâtre, très serrés.

Vus au microscope, ces points sont des conceptacles simples ou composés. Dans le premier cas, ce sont des poches irrégulièrement pyriformes, parfois cylindriques allongées, d'autres fois à contours sinueux, mamelonnées.

Les conceptacles portent au sommet de la poire, quand ils sont simples, ou sur une des parties mamelonnées s'ils sont composés, une ostiole formée par un double rang de cellules plus serrées que celles de la membrane qui sont lâches, toutes ces cellules étant colorées en roux clair et formant une trame très serrée. L'ostiole forme un cratère très largement ouvert, le plus souvent de diamètre 20 à 30 µ sur les spermogonies simples.

Les conceptacles composés, fréquents surtout sur le lait gélosé, semblent formés de plusieurs conceptacles simples, accolés ou fusionnés, à membrane de même constitution, à contours irréguliers, mamelonnés, bosselés à leur surface et portant depuis deux jusqu'à huit, dix et quinze ostioles cratériformes, sessiles comme celles des conceptacles simples.

Par chacune des ostioles sortent, sous l'influence de l'humidité ou de la pression, des masses composées de myriades de très petites spores en bâtonnets ovoïdes, absolument semblables, dans leurs formes et leurs dimensions, aux spores des conidies en bâtonnets; elles sortent agglomérées par une matière qui diffuse bientôt dans le liquide de la préparation et les met en liberté. Elles germent de la même façon que les conidies.

Fig. 9. — Tube de haricot gélosé, non acide, criblé de spermogonies (grandeur nature).

Elles sont produites, dans l'intérieur du conceptacle, par un stroma qui tapisse le pourtour de toutes les parois internes de fines basides analogues aux extrémités sporifères des stromas mycéliens des cultures ou des rameaux de vignes anthracnosées. Ces basides produisent presque toujours plus d'une spore. Leur numération exacte, à cause de leur grand nombre dans l'intérieur d'un conceptacle, n'est pas possible : il y en a plusieurs milliers par conceptacle simple.

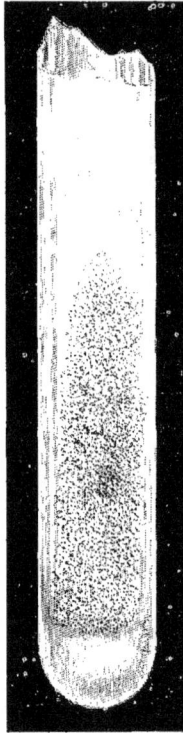

Nous considérerons, sans y attacher d'autre importance morphologique, ces conceptacles comme des spermogonies à spermaties. Ils représentent, en effet, au point de vue morphologique exclusif, des formes analogues aux formes conidifères ; car, quand le milieu de culture est plus acide, l'ostiole est beaucoup plus dilatée et certains de ces conceptacles à grande ouverture forment même des cupules ouvertes dont on ne distingue la membrane que vers leur base.

Les dimensions des spermogonies sont, pour les simples et les plus petites, de 66 μ sur 66 μ ; les dimensions moyennes sont de 176 μ sur 112 μ avec 20 μ de diamètre à l'ostiole. Les spermogonies à deux ostioles mesurent 210 μ sur 91 μ ; les spermogonies à trois ostioles ont 294 μ sur 91 μ. Sur les sarments, elles ont 210 μ sur 160 μ, et, sur les grains de raisins, 154 μ sur 154 μ ou encore 154 μ sur 126 μ.

Les spores de ces conceptacles (auxquelles nous maintiendrons le nom de spermaties pour les distinguer des conidies vraies), quand elles sortent en masse agglomérée de l'ostiole, au lieu d'être hyalines, donnent à la masse une teinte rosée claire. Quand les cultures sur lait gélosé sont âgées (8 à 10 jours), les conceptacles paraissent noyés au milieu d'une matière colorante rouge qui rappelle par sa teinte la coloration furfuracée des jeunes chancres des sarments anthracnosés.

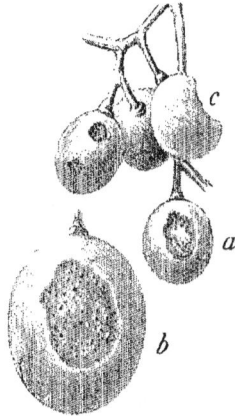

Fig. 10. — Grains de raisins à taches oculaires d'Anthracnose, parsemés de pustules spermogoniques (a : grandeur naturelle ; b : grossi).

Quand on inocule des raisins verts et qui sont encore assez éloignés de leur époque de véraison, dans la période qui va de leur nouaison jusqu'au tiers de leur grosseur, on reproduit, et cela au bout de 6 à 8 jours au plus, comme avec les conidies en bâtonnets, les dépressions caractéristiques des lésions de l'Anthracnose sur les fruits. On constate tout d'abord sur les grappes inoculées la production des formes conidifères. Mais si on maintient ces grappes dans les vases de culture à une humidité persistante et à une température de 25 degrés, on voit de petites ponctuations se former sur la tache déprimée (Fig. 10) ; ces fines ponctuations sont des spermogonies avec spermaties analogues à celles des cultures. Ces conceptacles sont alors simples et à ostiole toujours très largement ouvert et ayant au moins comme diamètre la moitié ou les deux tiers du diamètre du conceptacle presque sphérique. Ils sont toujours isolés et jamais groupés ou fusionnés comme dans les milieux de culture artificiels.

Ces conceptacles-spermogonies, originaires de stromas conidifères qui se sont entourés d'une membrane plus ou moins étendue à cause des conditions de milieu, semblent avoir été signalés d'une façon très vague par De Bary en 1874 (1), puis par Gœthe en 1878 (2), d'une façon plus vague encore par Cornu en 1877-1880 (3).

Ils n'ont jamais été retrouvés par d'autres auteurs : ce sont cependant les organes de reproduction les plus abondants et les plus fréquents dans nos cultures. Ils sont certainement très rares dans la nature et ne doivent se produire sur les lésions anciennes, chancres profonds, que lorsque les sarments aoûtés ou les grains ont perdu leur acidité, et cela dans une atmosphère très humide et à humidité persistante.. Ils ne se produisent pas en milieu sec dans nos vases d'inoculation où nous maintenons, par des dispositifs spéciaux, un courant d'air sec.

On peut les obtenir, dans le laboratoire, en abondance, sur les sarments ou fruits anthracnosés provenant du vignoble. Il suffit de conserver, avec certaines précautions, les raisins ou les rameaux anthracnosés, dans une atmosphère humide et confinée à une température de 24 à 26°. Dix ou quinze jours après, on voit des quantités de conceptacles-spermogonies se former sur les lésions premières de l'Anthracnose et sur leur pourtour.

Dans les milieux liquides, jus de feuille, jus de raisin, etc., le semis par le mycélium, les conidies en bâtonnets, les spermaties, donnent à la surface un voile assez épais, brun clair ou gris brunâtre, qui peu à peu s'épaissit sans atteindre cependant une épaisseur supérieure à deux ou trois millimètres. Son pourtour, sur les parois des ballons de culture, est plus clair, plus gris, comme rosé. En cette région se forment des conidies en bâtonnets sur un stroma de filaments parallèles, peu denses, peu serrés. Puis, en dedans, la trame épaisse se boursoufle, donne par-ci par-là quelques touffes en gazon, conidifères aussi, émergeant au-dessus du liquide.

Enfin, quand les cultures sont âgées (quinze à vingt jours, ce qui est beaucoup pour l'Anthracnose), il se forme, dans l'épaisseur de la trame, des parties plus condensées, plus dures, comme des nodosités. Ces nodosités sont de deux sortes : les unes sont de vraies pycnides, conceptacles toujours simples, à membranes qui, au lieu d'être minces et à deux ou trois rangs de cellules au plus comme pour les spermogonies, sont formées par une paroi d'un brun beaucoup plus foncé, composée de plusieurs rangs de cellules très petites; ces pycnides sont de forme ovoïde allongée (dimensions: 350 μ sur 325 μ et encore 210 μ sur 210 μ) et à ostiole très petite et sessile. Elles produisent dans leur intérieur, sur des stérig-

(1) DE BARY : Ueber den sogenannten Brenner (Pech) der Reben (Botanische Zeitung, 1874); — id. Lettre sur l'Anthracnose (*Vigne américaine*, 1879, p. 55).

(2) R. GOETHE : Mittheilungen über den schwarzen Brenner und den Grind der Reben (Berlin und Leipzig, 1878).

(3) M. CORNU : Comptes rendus de l'Académie des Sciences (1877); Anatomie des lésions déterminées sur la vigne par l'Anthracnose (*Bulletin de la Société Botanique*, (1878) et *Bulletin de la Société Botanique*, 1879, p. 320, et 1880, p. 38.

mates, ou basides, courts et assez forts, des spores grosses relativement aux conidies en bâtonnets ou à leurs analogues les spermaties.

Ces spores ou stylospores (dimensions : 5 μ. 30 sur 3 μ. 50) sont subovoïdes ou presque rondes, sans point réfringent. Leur protoplasme, au lieu d'être homogène, est finement grumeux; leurs membranes sont nettement détachées et incolores.

Dans d'autres parties, les plus anciennes des trames mycéliennes sur milieu liquide ou même sur milieu solide, les nodosités noires ou brun noirâtre sont plus allongées, plus étroites (dimensions : 392 μ. sur 126 μ. ou encore 350 μ. sur 98 μ). Ce sont de vrais sclérotes formés, comme certains rizomorphes, par une agglomération très dense de fins tubes mycéliens brun clair, entourés par une écorce constituée elle-même de tubes mycéliens très cloisonnés formant membrane d'un brun noirâtre et comme pluricellulaire.

De ces sclérotes partent, à un moment, des branches simples plus ou moins serrées, jamais condensées, hyalines, à protoplasme très finement granuleux, à membrane nettement visible, portant le plus souvent une ou deux cloisons. Leur sommet renflé sépare bientôt une spore presque ronde ou à peine subovoïde, incolore, à protoplasme finement granuleux ; ces nouvelles spores conidiennes rappellent par leurs formes générales les stylospores ; elles mesurent 8 μ. sur 7 μ. ou encore 7 μ. sur 6 μ.

Nul doute que la variation des milieux de culture ne nous permette d'arriver à obtenir les périthèces.

Un phénomène assez particulier se produit avec ce Champignon, si polymorphe déjà, en dépendance exclusive du milieu de culture. Dans nos essais, bien souvent répétés, quand nous chargeons nos milieux de culture en matière sucrée, la trame mycélienne se produit tout d'abord au pourtour du point de semis, que ce semis ait été fait avec mycélium, conidies en bâtonnets, spermaties, stylospores ou conidies des sclérotes. Les premières branches mycéliennes, qui partent du point primitif du semis, sont à calibre fin et régulier peu cloisonné. Mais, bientôt, les cloisons se rapprochent, le mycélium devient très variqueux, rétréci fortement au niveau des cloisons. Le protoplasme, dans chaque fragment mycélien renflé, est finement grumeux. Les rétrécissements s'accusent au niveau des cloisons et les fragments se séparent sous forme de spores isolées dont la membrane assez épaisse est très distincte, incolore ; leurs dimensions sont de 7 μ. sur 4 μ. 50 ou encore de 6 μ. sur 4 μ.

Ce ne sont pas des chlamydospores, car dans les milieux sucrés on voit ces nouvelles productions mycéliennes bourgeonner, le bourgeon grandir et se séparer en une nouvelle forme identique à la cellule mère, et la multiplication se poursuit ainsi d'une façon indéfinie. Le bourgeonnement a lieu parfois en deux, trois ou quatre points de la spore mère, qui donne ainsi naissance à plusieurs cellules filles. Ces *formes levures* constituent, par exemple sur les boîtes gélosées (jus de feuilles et haricots sucrés), de grandes traînées épaisses, gris brunâtre, fluides et comme visqueuses. Ce sont de vraies *formes levures* par leur multiplication et par leur fonction, car elles produisent de l'alcool, fait sur lequel nous insisterons à propos de la nutrition du Champignon de l'Anthracnose.

Ces formes levures, transportées sur haricot gélosé sans sucre, dès parfois la première culture ou après plusieurs passages, redonnent des conceptacles-spermogonies. Les formes levures de cultures anciennes, et successives en milieux très sucrés, forment deux (ou une) spores internes à membrane propre dans la membrane commune de la cellule mère. Sont-ce là des ascospores ? Nous reviendrons ultérieurement sur ces phénomènes si particuliers.

L'inoculation par le mycélium, par les conidies en bâtonnets normales, par les spermaties, par les stylospores, par les conidies des sclérotes, faites sur haricot ou lait gélosé sans sucre, donne, comme le semis par les formes levures, le même organe de reproduction, des spermogonies avec spermaties qui, vues en masse, sont toujours rosées.

L'inoculation, par ces mêmes formes de reproduction, faite sur grappes jeunes reproduit les lésions de l'Anthracnose.

Cultures et inoculations ont été répétées dans des sens variés et croisés, toujours avec les mêmes résultats positifs. Toutes ces formes de reproductions appartiennent donc bien au même Champignon.

La morphologie si complexe du parasite de l'Anthracnose, classé jadis, par son seul organe conidien de reproduction connu, dans le genre *Glæosporium* et dans le groupe mal déterminé des MÉLANCONIÉES, oblige à le séparer de ce genre. Nous le désignerons sous le nom générique nouveau de **Manginia** (1) et sous le nom spécifique de *Manginia ampelina*, en le rapprochant du groupe provisoire des SPHÆROPSIDÉES-SPHÆRIOÏDÉÉES jusqu'au moment où la connaissance des périthèces permettra de le mettre à sa vraie place dans les ASCOMYCÈTES-PYRÉNOMYCÈTES.

P. VIALA ET P. PACOTTET.

10 juin 1904.

(1) Nous donnons ce nom en l'honneur de M. L. Mangin, professeur au Muséum, qui a étudié l'anatomie des lésions de l'Anthracnose.

PARIS. — IMPRIMERIE F. LEVÉ, RUE CASSETTE, 17.

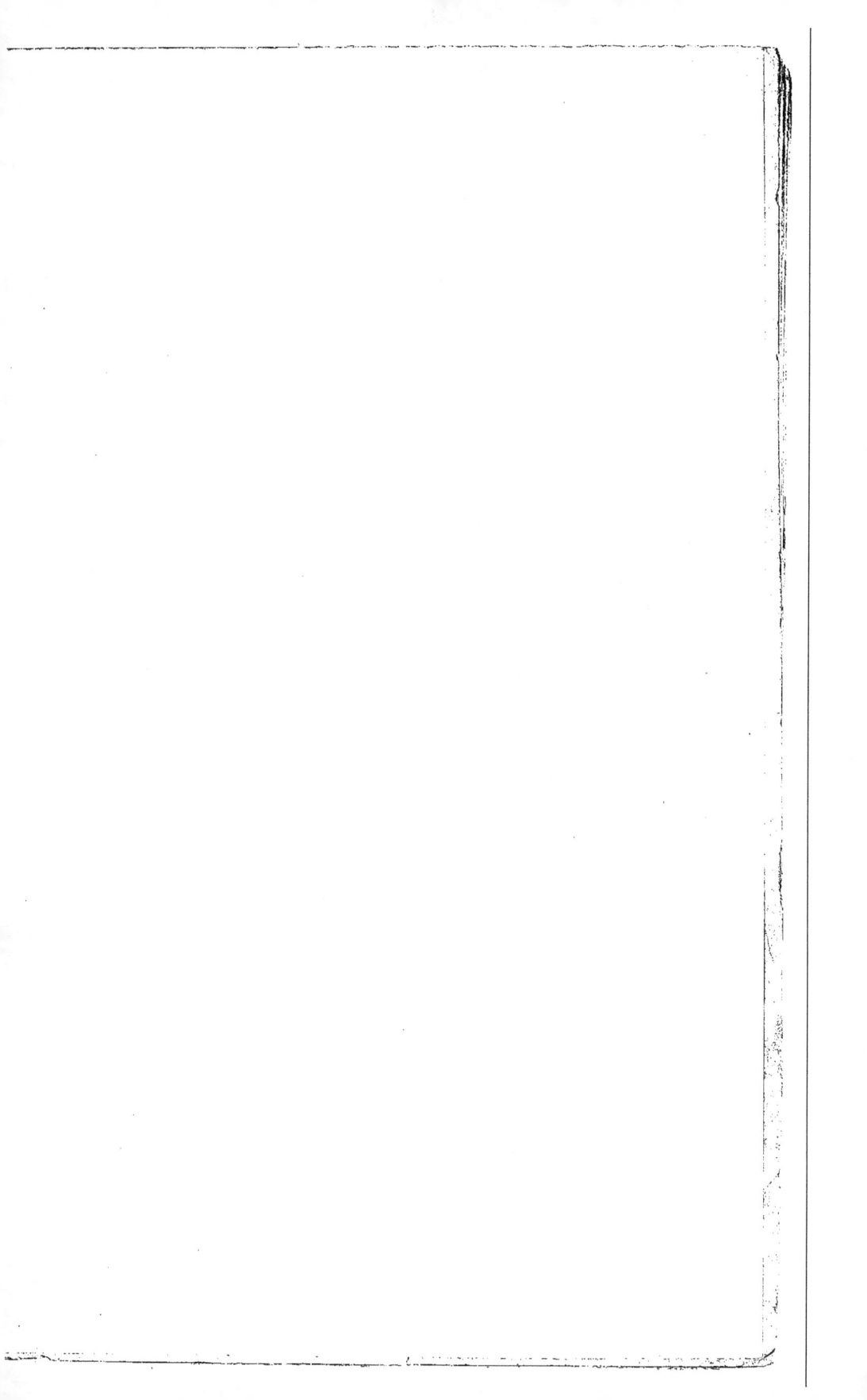

www.ingramcontent.com/pod-product-compliance
Lightning Source LLC
Chambersburg PA
CBHW050356210326
41520CB00020B/6335